물은 어디에?

다음 그림을 보고, 물이 나오는 곳에 종이를 뜯어 붙여 여러 가지 물의 모양을 표현해 보세요.
물총, 물뿌리개, 분수, 호스가 있어요. (3쪽 활동 자료 활용)

신기한 물 돋보기

할아버지가 돋보기가 없어 신문을 못 읽고 계세요. 물 돋보기를 만들어 작은 글씨가 크게 보이도록 해 보세요. (3쪽 활동 자료 활용)

〈물 돋보기 만드는 방법〉

① 3쪽에 있는 물 돋보기를 선대로 뜯어냅니다.
② 가운데 구멍이 뚫린 부분에 투명 셀로판테이프를 앞뒤로 붙입니다.
③ 투명 셀로판테이프 위에 물을 한 방울 떨어뜨린 뒤 신문에 대고 읽어 보세요. (신문 가까이 물 돋보기를 대면 글씨가 크게 보여요.)

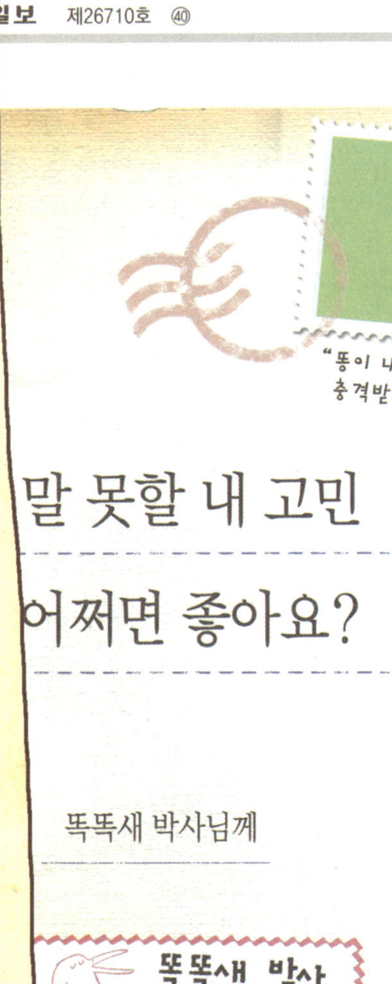

말 못할 내 고민 어쩌면 좋아요?

똑똑새 박사님께

제26710호 ⑩

책의 향기

"똥이 내 식량이라니"
충격받은 쇠똥구리

"머리가 커져요. 두려워요"
성장의 아픔 겪는 올챙이

"내 몸은 왜 점투성…
외모 불만 무당벌…

알고 싶어요! 동물

클레어 레웰린 글·케이트 셰퍼드 그림·윤…
32쪽·9000원·웅진주니어(6세~초…

"똑똑새 박사님께. 전 어린 쇠똥구리인데요, 정말 충격적인 사실을 알게 되었어요. 제가 먹을 수 있는 건 글쎄 똥뿐이라는 거예요! 전 왜 이렇게 냄새나는 걸 먹어야 하나요? -충격받은 쇠똥구리 올림"

"충격 받은 쇠똥구리님께. 어떤 기분인지 알겠어요. 정말 안됐네요. 하지만 쇠똥구리님같이 봉사해 주는 자연의 청소부가 없다면 우리는 모두 똥에 빠져 허우적거려야 할 거예요. 쇠똥구리님이 똥을 먹고 분해함으로써 그 속에 있는 중요한 양분이 재활용되거든요. 그래서 식물이 자라도록 해 주어요. 쇠똥구리님이 하는 일에 긍지를 가지세요! -고마운 마음을 담아서 똑똑새 박사 드림"

동물의 신체적 특징이나 생태에 관한 정보를 평면적으로 소개하는 대신 인생 상담의 형식을 빌려 재미있게 풀어낸 그림책.

상담 편지를 보낸 동물들의 고민을 통해 각 동물의 특징을 자연스럽게 소개하고, 똑똑새 박사의 답장에서 그 이유를 설명했다. 중간에 삽입된 똑똑새 박사의 '특강'에서는 먹이 사슬, 생활사 등 동물에 대한 보충 지식도 곁들였다.

재치 있는 편지글과 익살스러운 그림…에 아이들은 읽는 내내 쿡쿡 웃는다. …이유로 함께 읽던 어른들의 입가에도 …걸린다. 책에 나오는 동물들의 '말 못할 …민들이 결코 낯설지 않아서다.

"정말이지 똑같이 떼로 몰려다니는 …어요. 전 색다른 삶을 살고 싶어요. 내… 의 주인이 되는 그런 삶을 찾아 무리를 …싶어요."(변화를 바라는 고등어) "머리… 어 오르고, 꼬리는 사라지고, 게다가 돋…무언가가 나오기 시작했어요. 무서워요…에 무슨 일이 일어난 걸까요?"(성장의 …겪는 올챙이) "제 몸은 온통 점투성이여…무리해도 이 점을 없앨 수 없어요."(외모…에 고민하는 무당벌레) "왜 암컷들은 하…둥지를 잘 짓는 수컷만 좋아하는 거죠?…기에 서투른 '베짜는새')….

이런 고민들이 결국은 자연의 섭리에…롯된 것임을 일러 주는 똑똑새 박사의 …속에서 어른들도 언젠가 아이들에게 …수 있는 삶의 지혜 한 조각을 배울 수 있…어린이 그림책이 어른에게 주는 고마움…이다.

〈2쪽 신기한 물 돋보기〉 활동 자료

〈10-11쪽 불꽃놀이〉 활동 자료

〈1쪽 물은 어디에?〉 활동 자료

얼음붓 그림

다음 방법대로 시원한 얼음붓을 만들어
멋진 그림을 그려 보세요.

〈얼음붓 만드는 방법〉

① 빈 요구르트 병에 물감을 진하게 탄 물을 넣습니다.

② 물감병 속에 나무젓가락을 넣고 얼립니다.

③ 꽁꽁 얼었을 때, 요구르트 병을 가위로 자르고
　 얼음만 꺼내면 얼음붓 완성! (꼭 어른의 도움을 받으세요.)

물에 빠진 고양이 구하기

물

고양이가 물에 빠졌어요. 허우적대는 고양이를 구하려면 어떻게 해야 할지 그림을 보고
여러 방법을 찾아 이야기해 보세요.

음식 요리하기

가스레인지에 프라이팬을 올리고 음식을 요리해 보세요. 음식이 익기 전과 익은 후에
어떻게 달라지나요? 뒤집개로 뒤집으며 알아보세요. (뒷표지 활동 자료 활용)

신문지 불놀이

신문지를 써서 불과 관련된 상황을 몸으로 표현해 보세요.

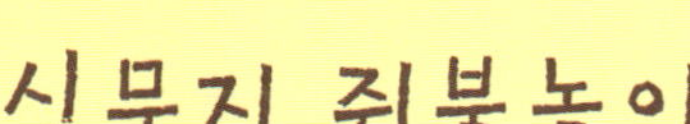

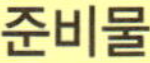

신문지 쥐불놀이

준비물

빈 우유 팩, 노끈, 신문지, 투명 셀로판테이프

놀이 방법

① 우유 팩에 신문지를 뭉쳐 넣어 빵빵하게 만듭니다.
② 투명 셀로판테이프로 우유 팩에 노끈을 붙입니다.
  이때 노끈은 내 팔 길이만큼 되게 합니다.
③ 노끈을 잡고 뱅글뱅글 돌립니다.

신문지 화산 폭발

준비물

신문지

놀이 방법

① 신문지 한 장을 네 등분한 크기로 여러 장 만듭니다.
② 자른 신문지를 둥근 모양으로 구겨 뭉칩니다.
③ 신문지 뭉치들을 품에 가득 안고 있다가 일어서며 위로 확 던집니다.

신문지 올림픽 성화

준비물

종이컵, 신문지, 투명 셀로판테이프

놀이 방법

① 신문지를 둘둘 말아 투명 셀로판테이프를 붙여 막대기 모양으로
   만듭니다.
② 신문지 막대기 끝 쪽에 투명 셀로판테이프로 종이컵을 붙입니다.
③ 종이컵 테두리에 신문지를 길게 찢어 붙여 불꽃처럼 꾸밉니다.
④ 신문지 성화를 들고 뛰어가 봉화대에 불을 붙여 봅니다.

신문지 모닥불

준비물

신문지, 투명 셀로판테이프

놀이 방법

① 신문지를 말아 투명 셀로판테이프를 붙여서 장작 모양으로
   여러 개 만듭니다.
② 신문지 장작을 여러 개 모아 겹쳐 쌓습니다.
③ 신문지 장작 주위에 앉아 불을 쬐어 봅니다.

불꽃놀이

멋진 불꽃놀이가 펼쳐지고 있어요. 어떤 모양의 불꽃이 터지는지, 틀을 대고 관찰해 보세요.
(3쪽 활동 자료 활용)

10

불이 필요해!

불

다음 그림을 보고, 불이 어떤 역할을 하는지 써 보세요.

축하하는 불이야.

흙이랑 그릇이랑

다음 그릇은 모두 흙으로 만든 거예요. 그릇을 보고 처음 흙으로 빚었을 때의 모양 스티커를 찾아 알맞게 붙여 보세요.

돌멩이 동물

독창성

돌멩이를 이용하여 여러 가지 동물 그림을 그려 보세요.

어디 어디 숨었나?

동물 친구들이 모래성에서 숨바꼭질을 하고 있어요. 동물 친구들이 어디 어디 숨었나요?
5분간 꼼꼼히 살펴보고, 다음 장을 넘겨 똑같은 자리에 동물 친구 스티커를 붙여 주세요.

• 동물들이 있던 곳을 떠올려, 알맞은 자리에 동물 친구 스티커를 붙여 보세요.

과학사고뭉치(4원소와 에너지) 스티커

13쪽

16쪽

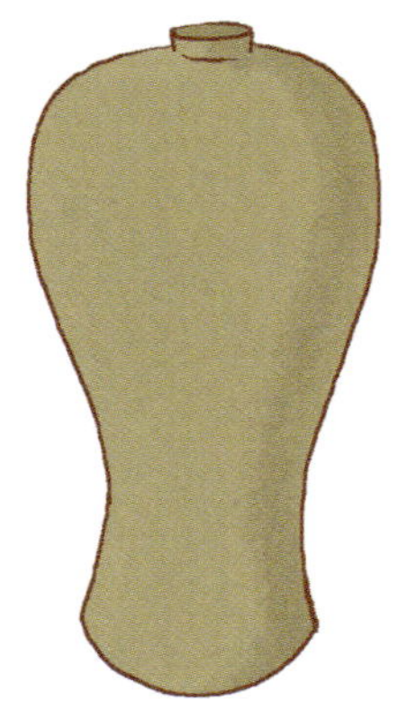

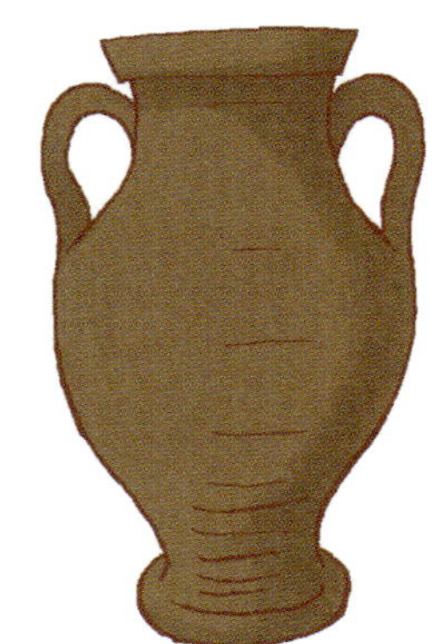

아빠

엄마

형

누나

아기

29쪽

흙길 위에 발자국

흙으로 된 길이에요. 길에 찍힌 아빠, 엄마, 형, 누나, 아기 발자국을 따라가 숨은 곳을 찾고, 누구인지 알맞은 얼굴 스티커를 붙여 주세요.

어디로 갈까?

과자 집으로 가는 길이 헷갈려요. 잘 보고, 어느 길로 갈 수 있는지 찾아보세요.

바람개비를 찾아라

놀이동산에서 오른쪽 바람개비들과 똑같은 것을 찾아 ○하세요.

가지각색 열기구

열기구 속의 공기를 뜨겁게 데웠더니, 공기가 가벼워져서 하늘로 올라가요. 열기구에 탄 사람의 옷과 같은 무늬를 찾아 열기구를 멋지게 꾸며 보세요. (23쪽 활동 자료 활용)

후~ 바람이 불면

내 입으로 만든 바람은 얼마나 힘이 셀까요? 빨래를 빨랫줄에 널고, 입으로 후~ 불어 보세요.
(23쪽 활동 자료 활용)

〈놀이 방법〉

① 23쪽 활동 자료에서 여러 가지 빨래를 뜯어냅니다.
② 마음에 드는 순서대로 빨랫줄에 가지런히 널어 놓습니다.
③ 입으로 후~ 바람을 불어, 빨래가 얼마나
   날아가는지 살펴봅니다.
④ 바람을 약하게, 세게 불어 봅니다.

◀〈20-21쪽 가지각색 열기구〉 활동 자료
▼〈22쪽 후~ 바람이 불면〉 활동 자료

바람 만들기

생활 속에서 바람이 생기는 상황이에요. 그림대로 따라 해 보고, 이 밖에 바람을 만들 수 있는 방법은 무엇이 있는지 써 보세요.

바람을 만드는 나만의 방법은?

정전이 됐어요

정전이 되어 깜깜해지면, 가전제품의 콘센트를 뽑아야 해요. 필름 밑으로 손전등을 비추어 전기를 쓰는 물건을 모두 찾아보세요. (뒷표지 활동 자료 활용)

자동차가 달려요!

자동차가 달리는 길을 연결해서 만든 다음, 자동차에 휘발유를 넣고 움직여 보세요.
길을 어떻게 연결하느냐에 따라 여러 가지 모양으로 바뀔 수 있어요.

건전지를 쓰는 물건

다음은 건전지를 써서 움직이는 생활 속 물건들이에요. 건전지가 들어 있는 모습을 보고
어떤 물건인지 스티커를 찾아 붙여 보세요.

1.

2.

3.

4.

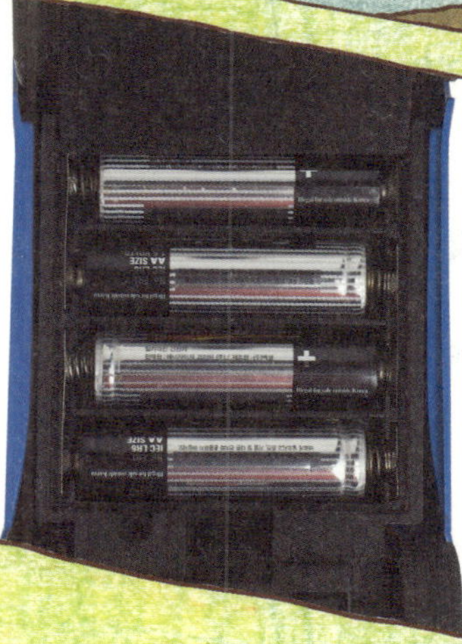

무인도에서 살아남기

비행기가 추락하여 어떤 사람이 무인도에 떨어졌어요. 오랫동안 아무것도 먹지 못해 몸에 에너지가 하나도 없어요. 나라면 어떻게 에너지를 얻을지 섬 주변을 살펴보고 방법을 말해 보세요.

빼기 발명

여보세요? 엄마요?
엄마는 지금…….
별이야, 놀자!

잠깐!
전화 받는 중이야.
쾅
쾅
쾅

휴, 겨우 끊었네.

반짝이 너 왜 이렇게 난리야.
잠깐을 못 참고.
야, 요즘 세상에 전화 받느라
문을 못 열어 주는 사람이 어딨니?
빼기 발명 비법으로 탄생한
무선 전화기가 있는데 말이야.

이렇게 물건에 원래 붙어 있는
것을 빼서 더 편리하게 만드는 거지.
유선 전화기 – 전화선
= 무선 전화기

와, 어떻게 그런 생각을 했을까?
꼭 있어야 한다고 생각하는 건 고정관념, 뭔가 빼서 더 편리해질 수 있는 걸 떠올려 봐.

별이야, 너 오픈카라고 들어 봤어? 지붕 없는 자동차.
어, 텔레비전에서 봤어.
그것도 빼기 발명 비법을 활용한 거야.
자동차 − 지붕 = 오픈카

째깍째깍 괘종시계 있지?
아, 추가 왔다 갔다 하면서 움직이는 시계 말이지?
그래. 그 시계에서 추를 빼서 이런 시계가 된 거야.
아, 그렇구나.

수박 − 씨 = 씨 없는 수박 탄생!
수박에 씨가 없으니까 진짜 먹기 편해.

하지만 빼기 발명 비법엔 주의할 점이 있어. 빼서 기능이 떨어지거나 불편해지면 안 된다는 것!
너처럼?

앗, 나의 실수! 주전자에서 손잡이를 빼니까, 뜨거워서 못 들겠네.